harrière

EXPOSITION NATIONALE DE L'INDUSTRIE DE 1844.

Décoration de la Légion d'honneur.

EXPOSITION DE 1839.

MÉDAILLE D'OR.

EXPOSITION DE 1834.

MÉDAILLE D'ARGENT.

EXPOSITION DE TOULOUSE.

MÉDAILLE D'OR.

ATHÉNÉE DES ARTS.

MÉDAILLE D'HONNEUR.

CHARRIÈRE,

FABRICANT D'INSTRUMENTS DE CHIRURGIE,
D'INSTRUMENTS DE CHIRURGIE VÉTÉRINAIRE, DE COUTELLERIE,
FOURNISSEUR TITULAIRE DE LA FACULTÉ DE MÉDECINE DE PARIS,
DES HOPITAUX CIVILS ET MILITAIRES,
DES MINISTÈRES DE LA GUERRE, DE LA MARINE ET DE L'INTÉRIEUR,
DE PLUSIEURS UNIVERSITÉS ÉTRANGÈRES, ETC., ETC.

BANDAGISTE-FOURNISSEUR DES HÔPITAUX MILITAIRES.

Fait la Commission pour tout ce qui se rattache à la Chirurgie, à la Médecine et aux Sciences.

ÉCRIRE FRANCO.

TROUSSES-AGENDA.

TROUSSES EN GÉNÉRAL.

TROUSSES ET GIBERNES POUR MM. LES CHIRURGIENS MILITAIRES.

LANCETIERS. STÉTHOSCOPES. PLESSIMÈTRES. NOUVEAUX BISTOURIS A GAÎNE.

APPAREILS POUR L'INHALATION DE LA VAPEUR D'ÉTHER.

PARIS,

CHEZ CHARRIÈRE,

RUE DE L'ÉCOLE-DE-MÉDECINE, 6,

Entre la rue de La Harpe et la rue Hautefeuille, et non place de l'École-de-Médecine.

1849.

TROUSSES-AGENDA

ET TROUSSES EN GÉNÉRAL.

L'époque du renouvellement de l'*Agenda-médical* m'engage à publier quelques renseignements sur un modèle de trousses dites *trousses-agenda*, qui n'est pas encore assez généralement connu, et qui cependant, de l'aveu des praticiens qui l'ont examiné, réunit toutes les conditions désirables. Je profiterai de cette circonstance pour donner aussi un extrait de mon *Catalogue* sur les trousses en général.

Ayant été chargé, en 1841, par M. le Ministre de la guerre, de confectionner le modèle des trousses de giberne pour MM. les Chirurgiens de l'armée, je me suis occupé avec le plus grand soin de cette question, et je crois pouvoir dire que j'ai atteint le but, car mon modèle a été adopté. Actuellement les trousses de giberne renferment, sous un très-petit volume, un nombre suffisant d'instruments.

J'entre ici dans des détails très-circonstanciés sur les modifications que j'ai apportées à la fabrication des instruments qu'on peut placer dans les trousses, et dont quelques-unes sont toutes récentes. Les notes que je donne seront assez étendues, je pense, pour que MM. les chirurgiens puissent apprécier la valeur des changements que j'ai exécutés.

Autrefois les trousses un peu complètes offraient un volume tellement considérable, qu'on était embarrassé pour les porter continuellement sur soi.

Depuis plusieurs années déjà, il existe une modification très-avantageuse sous ce point de vue, pour toutes les trousses en général. Quelques détails suffiront pour faire sentir les principaux avantages de cette modification, *pour les trousses-agenda en particulier*.

La trousse-agenda est composée de deux pliants.

Le pliant supérieur ou de droite est disposé pour recevoir les instruments suivants :

2 bistouris en buffle à coulant à 3 fr.; en écaille, 4 fr.
1 paire de ciseaux en acier de 2 à 3 fr.; en argent soudés et non cimentés, 12 à 14 fr.
1 pince à pansement acier (modèle Charrière), 2 à 3 fr.
— La même, partie en argent soudé très-solide, 12 à 14 fr.
1 pince à artères acier, de 2, 3, 4 et 6 fr.
Idem, en argent, mors en acier, 8, 10 à 12 fr.
3 stylets assortis acier, 50 c. pièce; *idem* en argent, 1 fr. 50 à 2 fr.
1 sonde cannelée *idem*, 1 à 1 fr. 50, *idem* en argent, 3 fr. 50 à 4 fr. 50.
1 porte-mèche, *idem*, 50 c. pièce, *idem* en argent, 1 fr. 75 à 2 fr
1 sonde d'homme et femme argent, la vis aussi en argent, 9 à 10 fr.
1 trocart explorateur argent, avec entonnoir et gaîne, 2 fr. 50 à 3 fr.
1 porte-pierre en buffle cerclé d'argent et goupillé, le porte-nitrate monté et goupillé à l'intérieur de la vis afin d'assurer la solidité, 2 fr. 25.
— Le même, étui en ébène, 1 fr. 50.
— Le même à crayon en argent à 8, 10, 12 et 14.
— Le porte-nitrate en platine fait une différence de 5 fr. pour tous modèles.
4 ou 6 lancettes en corne à 1 fr. pièce, en écaille 1 fr. 50 à 2 fr.
ou 6 aiguilles à suture trempées en ressort, 50 c. pièce.

Tous ces instruments sont recouverts et indépendants, de telle manière qu'on peut faire usage de l'agenda du portefeuille sans mettre les instruments en évidence.

Il arrive même fréquemment de placer dans ces trousses quelques autres pièces, surtout en confectionnant les bistouris à deux lames sur le même manche. Du reste, ces instruments suffisent pour les cas ordinaires.

Le porte-pierre à crayon est toujours placé sur le rabat du portefeuille comme tous les crayons.

Une poche est pratiquée au-dessous du pliant supérieur pour recevoir les lancettes, les aiguilles et les fils.

Sur le pliant inférieur ou de gauche sont pratiquées deux poches assez grandes pour contenir les papiers.

Entre ces deux pliants, on place l'*Agenda médical*, divisé en cinq parties, toutes indépendantes l'une de l'autre; les quatre premières contiennent l'agenda proprement dit, divisé par trimestre. La cinquième partie comprend tous les renseignements utiles aux médecins et chirurgiens; cette cinquième partie peut être à volonté adjointe au trimestre courant de l'agenda ou en être séparée.

Pour satisfaire aux différents besoins, j'ai adopté, pour ces portefeuilles comme pour toutes les trousses en général, cinq longueurs différentes: 11 centimètres (4 pouces); 12 centimètres (4 pouces 1/2); 13 centimètres 1/2 (5 pouces); 15 centimètres (5 pouces 1/2); 16 centimètres (6 pouces). J'en fournirai de plus ou moins grandes, si on m'en faisait la demande. Je ne propose ces mesures que pour faciliter la correspondance. J'ajouterai que celles de 13 centimètres (5 pouces) à 15 centimètres (5 pouces 1/2) sont le plus généralement demandées. Les instruments étant appropriés à ces différentes longueurs, sans rien perdre de leur solidité, il y a un autre avantage, c'est qu'elles me permettent de placer dans le portefeuille l'agenda que l'on choisira.

L'agenda est maintenu dans le portefeuille, soit par un lacet de soie, soit par une broche en maillechort ou en argent, etc., qui vient se fixer à deux anneaux d'un dossier en métal. Dans cette broche, je place deux aiguilles à acupuncture.

On voit, d'après ce qui vient d'être dit, combien ces trousses sont avantageuses. J'ajouterai qu'on peut leur donner tout le luxe désirable, soit dans la confection des portefeuilles, soit dans les instruments qu'on désire. Je me conformerai à cet égard aux demandes qui me seront faites.

Pour le prix des instruments, je renvoie à mon Catalogue de trousses.

Prix des Trousses-portefeuilles vides.

Maroquin cylindré fermant à pattes,	fr.	7	à	9
Les mêmes, fermoir en maillechort,		8	à	10
Maroquin, chagrin ordinaire à pattes,		10	à	12
Les mêmes, fermoir maillechort,		11	à	13
Maroquin chagrin, première qualité, avec un seul filet à froid, fermant à pattes,		12	à	14
Les mêmes, fermoir maillechort.		13	à	15
Maroquin chagrin, première qualité; gaufré froid et belle dorure, à pattes,		14	à	16
Les mêmes, fermoir maillechort,		15	à	17

Toutes les trousses-portefeuilles détaillées ci-dessus sont garnies d'un cahier de papier.

Le prix de chacune augmentera de 2 fr. 50 c. quand on y joindra l'*Agenda médical* divisé par trimestre, et le cahier comprenant les renseignements.

Le prix du fermoir en argent sera de 3 fr. en sus de celui en maillechort.

Ainsi que pour toutes les autres trousses, le prix de celle-ci est toujours relatif au luxe qu'elle comporte.

Les praticiens préféreront toujours, dans un but d'économie bien entendu, les maroquins de première qualité, qui durent beaucoup plus longtemps que les autres, et, de plus, n'ont pas l'inconvénient de blanchir vers les bords et sur toutes les saillies.

Je fais aussi des trousses avec des fermoirs intérieurs pour maintenir les passes fixées. Je me charge de faire exécuter la gravure sur les fermoirs et sur les têtes de crayons.

Je ne crois pas nécessaire d'indiquer ici tous les modèles de trousses dont nous venons de donner précédemment les longueurs ; je serais forcé d'entrer dans de trop longs détails. Mais je peux réunir dans une trousse à deux pliants tous les instruments qu'on place ordinairement dans les trousses à trois pliants. Cette disposition rend la trousse beaucoup moins épaisse, et par conséquent plus portative.

Je ne crois pas devoir insister davantage sur ces modifications, qui, quoique futiles en apparence, ne laissent pas d'avoir une importance réelle.

En donnant huit compositions de trousses à la suite de la liste générale des divers instruments qui peuvent être placés dans les portefeuilles, je n'ai pas eu la pensée de présenter des modèles à suivre ; je n'ai voulu qu'indiquer quelques-unes des compositions qui sont le plus généralement adoptées. J'en ai confectionné quelquefois de plus complètes que le nº 8 ; dans ce cas, j'ai placé des instruments sur les deux côtés d'un ou de deux pliants.

Lorsque l'on me fera la demande d'instruments dorés, je mettrai en usage la dorure au mercure ou celle qui s'effectue au moyen du galvanisme, par les meilleurs procédés. L'une ou l'autre de ces méthodes sera appliquée selon que le comporteront l'espèce d'instrument et la nature du métal.

INSTRUMENTS

QU'ON PEUT PLACER DANS LES TROUSSES.

Nous allons donner la composition et les prix de huit espèces différentes de trousses, de plus en plus complètes. Ces prix varient suivant le nombre et la nature des instruments qu'elles renferment et dont nous commençons par donner la liste. Mais si l'on désirait modifier d'une manière quelconque la composition d'une trousse, ou si possédant déjà quelques instruments, on ne désirait que les compléter, nous avons voulu mettre MM. les chirurgiens à même de se rendre un compte, sinon tout à fait et rigoureusement exact, du moins très-approximatif des dépenses qu'ils auraient à faire. On conçoit que, sur le vû d'un catalogue, on ne puisse pas être irrévocablement fixé sur le prix des instruments de cette nature. Leur qualité, il est vrai, ne peut ni ne doit varier. Mais il y a des différences, souvent très-notables, bien que quelquefois peu appréciables au premier aspect, dans le fini, le degré du poli de l'acier, la nature et le genre du travail des manches, etc. Telle est la raison qui a dû nous obliger à établir presque pour chaque instrument deux prix, un minimum et un maximum, nullement en rapport, nous le répétons, avec la qualité qui est *une* et *invariable*, mais seulement avec des circonstances accessoires du plus ou moins de fini dans la fabrication, circonstances impossibles à comprendre même par les détails d'une description extrêmement compliquée, lorsque l'on n'a pas les objets sous les yeux.

La liste ci-dessous contient les divers instruments susceptibles de pouvoir entrer dans ces trousses, avec la double indication des prix maximum et minimum ; ces prix se trouvant proportionnés aux modifications de main-d'œuvre dont nous avons parlé.

BISTOURIS (1).

	fr.	c.		fr.	c.
Bistouris droits, mousses, boutonnés ou pointus, *de tous modèles*, manche en corne noire.	1	»	à	3	»
Les mêmes, manche en ivoire..	1	50	à	3	50
Les mêmes, manche en écaille.	3	»	à	6	»
Les mêmes, manche en nacre.	4	»	à	8	»
Bistouris convexes, *de tous modèles*, manche en corne noire.	1	»	à	3	»
Les mêmes, manche en ivoire.	1	50	à	3	50
Les mêmes, manche en écaille.	3	»	à	6	»
Les mêmes, manche en nacre.	4	»	à	8	»
Bistouris courbes, mousses, boutonnés ou pointus, *de tous modèles*, manche en corne noire.	1	50	à	5	»
Les mêmes, manche en ivoire.	2	»	à	5	»
Les mêmes, manche en écaille.	4	»	à	7	»
Les mêmes, manche en nacre.	5	»	à	10	»

BISTOURIS SPÉCIAUX (2).

Bistouris pour l'opération de la fistule à l'anus.	8	»	à	15	»
Bistouri de J.-L. Petit, pour les fistules lacrymales. . .	3	50	à	6	»
Bistouri d'A. Cooper.	2	»	à	8	»
Bistouri de Dubois.	2	»	à	6	»
Bistouri de M. Baudens, pour l'excision des amygdales.	4	»	à	12	»
Bistouri de M. Blandin, pour le même usage.	4	»	à	12	»
Bistouri à gaîne, de M. Blandin (modèle Charrière) . .	10	»	à	15	»
Bistouri de M. Foullioy.	3	»	à	6	»
Bistouri de M. Gerdy.	3	»	à	7	»
Bistouri de M. Larrey.	2	50	à	7	»
Bistouri de M. Récamier.	4	»	à	8	»
Bistouri pharyngotome à gaîne, du même auteur . . .	10	»	à	20	»
Bistouri de Vacca.	4	»	à	7	»
Bistouris scarificateurs, *de tous modèles*.	3	»	à	7	»
Bistouri à fort dos, pour désarticulation des phalanges, etc.	2	»	à	8	»
Bistouri à rainure (modèle Charrière).	4	»	à	7	»
Ténotome simple et double sur le même manche, fermant, de.	3	»	à	8	»

RASOIRS.

Rasoirs, manche en corne noire.	1	50	à	3	50
Rasoirs, manche en ivoire.	2	»	à	4	»
Rasoirs, manche en écaille.	4	»	à	8	»
Rasoirs, manche en nacre.	5	»	à	12	»

---

(1) Les bistouris ont une longueur et une largeur appropriées aux différents usages auxquels ils sont destinés. Il existe, d'ailleurs, un très-grand nombre de modèles de ces instruments, modèles que je ne puis mentionner ici, mais qu'on trouvera indiqués dans mon Catalogue général. Je me bornerai à dire que lorsqu'on désire placer beaucoup d'instruments dans une trousse, je confectionne les bistouris à deux lames sur le même manche.

Tous les bistouris au-dessus du prix de 2 fr. 50 peuvent avoir la lame fixée sur le manche par divers moyens. Mais le genre des bistouris fixés par un coulant (modèle Charrière), genre que je fabrique depuis 1830, est actuellement adopté par le plus grand nombre des chirurgiens ; ils ont sur les bistouris à ressort l'avantage d'être très-faciles à nettoyer.

(2) On trouvera mentionnés dans mon Catalogue, à chaque opération, ces bistouris, dont je ne puis indiquer ici qu'un certain nombre de modèles.

CISEAUX (1).

N°			fr. c.		fr. c.
N° 1. —	Ciseaux droits,	en acier	2 »	à	3 »
2. —	*id.*	en argent	10 »	à	14 »
3. —	*id.*	en vermeil	14 »	à	18 »
4. —	Ciseaux courbes sur le plat,	en acier	2 50	à	3 50
5. —	*id.*	en argent	10 »	à	14 »
6. —	*id.*	en vermeil	14 »	à	18 »
7. —	Ciseaux courbes sur le côté,	en acier	2 50	à	3 50
8. —	*id.*	en argent	10 »	à	14 »
9. —	*id.*	en vermeil	14 »	à	18 »
10. —	Ciseaux coudés à angle,	en acier	3 »	à	5 »
11. —	*id.*	en argent	11 »	à	15 »
12. —	*id.*	en vermeil	15 »	à	19 »
13. —	Ciseaux à bec-de-lièvre,	en acier	4 »	à	6 »

PINCES.

N°			fr. c.		fr. c.
N° 1. —	Pinces à pansements,	en acier (modèle ordin.)	1 50	à	2 »
2. —	*id.*	en argent (même modèle)	10 »	à	15 »
3. —	*id.*	en vermeil (même mod.)	14 »	à	18 »
4. —	Pinces à pansements,	en acier (modèle Charrière) (2)	3 »	à	4 »

(1) Tels qu'ils étaient confectionnés, les ciseaux en argent offraient un inconvénient que MM. les Chirurgiens m'avaient signalé à différentes reprises. La partie d'argent ne se trouvant unie à la partie d'acier qu'à l'aide d'un ciment, il n'était pas rare de voir, après un temps très-court, ces deux parties se *décimenter*, aussi MM. les Chirurgiens avaient presque généralement renoncé à en faire usage. La modification que j'ai apportée dans cet instrument met à l'abri de toute espèce d'accidents de ce genre. Les deux branches renferment dans toute leur longueur et jusqu'au niveau des anneaux, une partie d'acier suffisante pour donner à l'instrument une solidité aussi grande que celle des ciseaux complétement en acier. Cette pièce d'acier est unie par la soudure forte à la garniture d'argent, ce qui rend impossible le désassemblage des deux pièces.

(2) La pince à pansements est l'un des instruments de la trousse dont les usages sont les plus variés et les plus nombreux, soit entre les mains de MM. les chirurgiens, soit entre celles de MM. les élèves des hôpitaux. Jusqu'à ces dernières années, elles avaient été confectionnées à entablure passée une partie simple dans une partie double. Ce mode d'articulation offrait des inconvénients graves. D'abord la triple division des branches et les dispositions anguleuses qu'elle nécessitait affaiblissaient considérablement la solidité de l'instrument; puis le système de trempe usité, la forme des mors de ces pinces étaient cause qu'elles lâchaient souvent prise. Quoiqu'elles fussent assez volumineuses, on ne pouvait sûrement compter sur elles, lorsqu'il s'agissait d'extraire un corps étranger, une esquille, etc. Le moindre effort suffisait pour les ployer ou les rompre.

J'ai disposé l'entablure par moitié et réuni par une vis les deux branches que j'ai croisées tout près des mors. J'ai creusé ces derniers en cuiller, et les ai rendus en tout semblables à ceux que j'ai faits aux pinces à polypes. J'ai substitué à la trempe ancienne la trempe en ressort, que je donne à l'acier pour tous les instruments à pression. Ces modifications donnent à mes pinces à pansements une force telle que, bien qu'elles aient un volume beaucoup moindre que les anciennes, l'opérateur peut, la pince étant chargée et saisie à pleine main, serrer sur les anneaux de toute sa force sans craindre de la briser. Le croisement des branches près des mors a l'avantage de permettre l'écartement des mors dans les cavités sans dilater l'orifice des plaies ou des organes. Cette forme, d'ailleurs bien connue maintenant, a été généralement adoptée, surtout depuis la création du modèle de trousse pour la chirurgie militaire.

La pince à pansements tout en argent était encore moins solide, et par conséquent d'un usage plus restreint. Je lui ai appliqué, pour la garniture d'argent, la même modification qu'aux ciseaux (voir la note précédente); ainsi, les anneaux sont en argent, et la garniture d'argent des branches est entièrement soudée avec l'acier, l'entablure et les mors restant les mêmes que ceux de la pince dont nous venons de parler, et dont elle égale la force et la solidité.

N°	Désignation	fr.	c.		fr.	c.
N° 5.	— Pinces à pansements, en argent (même modèle).	14	»	à	18	»
6.	— *id.* en vermeil (même modèle). . .	18	»	à	22	»
7.	— Pinces à dissection, en acier.	»	75	à	3	»
8.	— *id.* en argent.	6	»	à	9	»
9.	— *id.* en vermeil.	10	»	à	14	»
10.	— Pinces à artères, à coulant, en acier. . .	2	»	à	4	»
11.	— *id.* en argent. . .	8	»	à	12	»
12.	— *id.* en vermeil . .	12	»	à	18	»
13.	— *id.* à ressorts, en acier. . .	3	»	à	4	»
14.	— *id.* en argent. . .	10	»	à	14	»
15.	— *id.* en vermeil . .	13	»	à	15	»
16.	— Pinces à torsion, en acier.	5	»	à	7	»
17.	— *id.* en argent.	12	»	à	18	»
18.	— *id.* en vermeil.	15	»	à	20	»
19.	— Pince porte-charpie de M. Ricord. . . .	4	»	à	10	»
20.	— Pince érigne de divers modèles.	4	»	à	17	»

Toutes les pinces à artères sont disposées pour empêcher la déviation des mors.

SPATULES.

N°	Désignation	fr.	c.		fr.	c.
N° 1.	— Spatule ordinaire, en acier.	»	75	à	1	50
2.	— *id.* en argent.	6	»	à	8	»
3.	— *id.* en vermeil.	8	»	à	10	»
4.	— Spatule-sonde cannelée, en acier.	1	»	à	2	»
5.	— *id.* en argent	6	»	à	9	»
6.	— *id.* en vermeil. . . .	8	»	à	11	»
7.	— Spatule flexible, en acier.	1	25	à	2	»
8.	— *id.* en argent.	6	»	à	8	»
9.	— *id.* en vermeil.	8	»	à	12	»
10.	— Spatule avec filière en argent.	12	»	à	14	»
11.	— *id.* en vermeil.	14	»	à	16	»
12.	— Spatule cannelée (modèle de M. Vidal de Cassis), en acier.	1	50	à	3	»
13.	— *id.* en argent.	7	»	à	8	»
14.	— *id.* en vermeil.	10	»	à	12	»

STYLETS, PORTE-MÈCHE.

N°	Désignation	fr.	c.		fr.	c.
N° 1.	— Stylets aiguillés, cannelés, très-minces, *de divers modèles*, en acier. .	»	40	à	»	50
2.	— *id.* *id.* en argent. .	1	25	à	2	»
3.	— *id.* *id.* en vermeil.	2	»	à	3	»
4.	— Porte-mèche, en acier.	»	40	à	»	50
5.	— *id.* en argent.	1	50	à	2	50
6.	— *id.* en vermeil.	2	50	à	3	50

SONDES.

N°	Désignation	fr.	c.		fr.	c.
N° 1.	— Sonde cannelée, avec ou sans cul-de-sac, en acier. . . .	»	75	à	1	50
2.	— *id.* *id.* en argent. . .	3	»	à	5	»
3.	— *id.* *id.* en vermeil. . .	5	»	à	7	»
4.	— Sonde de femme, en maillechort.	1	»	à	1	50
5.	— *id.* en argent.	2	50	à	3	50
6.	— *id.* en vermeil.	3	50	à	5	»

	fr. c.	fr. c.
N° 7. — Sonde pour homme et femme (modèle ordinaire en maillechort (1).	4 »	à 5 »
8. — *id.* *id.* en argent. . .	8 »	à 10 »
9. — *id.* *id.* en vermeil. .	11 »	à 13 »
10. — *id.* (modèle Charrière) (2), en maillechort. . .	5 »	à 6 »

---

(1) Quoique je pense avoir été le premier à rendre très-utile et très-répandu l'usage du maillechort pour la fabrication de beaucoup d'instruments de chirurgie, et notamment pour celle des spéculums, je dois cependant reconnaître et dire que cette espèce de cuivre blanc est très-oxydable et peut avoir quelques inconvénients pour les pièces difficiles à nettoyer; te par conséquent je dois en déconseiller l'usage pour les sondes d'homme et de femme, que l'on fabrique en grand nombre avec ce métal, à cause de la modicité du prix. Les sondes d'argent doivent être de beaucoup préférées.

(2) La sonde double d'homme et de femme, d'une utilité très-grande dans les trousses, en ce sens qu'elle est des plus portatives et ne présente qu'un petit volume, offrait de graves inconvénients telle qu'elle était fabriquée depuis environ vingt-cinq ans. Elle se composait, comme on peut le voir dans la figure ci-jointe, de trois pièces. La pièce supérieure, portait à l'une de ses extrémités la plaque ou les anneaux du pavillon, et à l'autre bout une simple vis A, correspondant à un pas de vis creusé dans l'intérieur du bout supérieur des deux autres pièces, constituant, la plus petite, la sonde de femme; la plus grande, la sonde d'homme.

Presque toujours, après quelques mois d'usage, le pas de vis ou l'écrou avaient subi une usure telle, que, si peu grande fût-elle, les deux pièces de la sonde n'étaient plus solidement fixées l'une sur l'autre, ou que les anneaux ne se trouvaient plus sur un plan horizontal, perpendiculaire au plan vertical mené par la courbure de l'instrument. Voici la modification que je lui ai fait subir et à l'aide de laquelle j'ai pu remédier aux inconvénients que j'ai signalés.

ANCIEN MODÈLE. MODÈLE CHARRIÈRE.

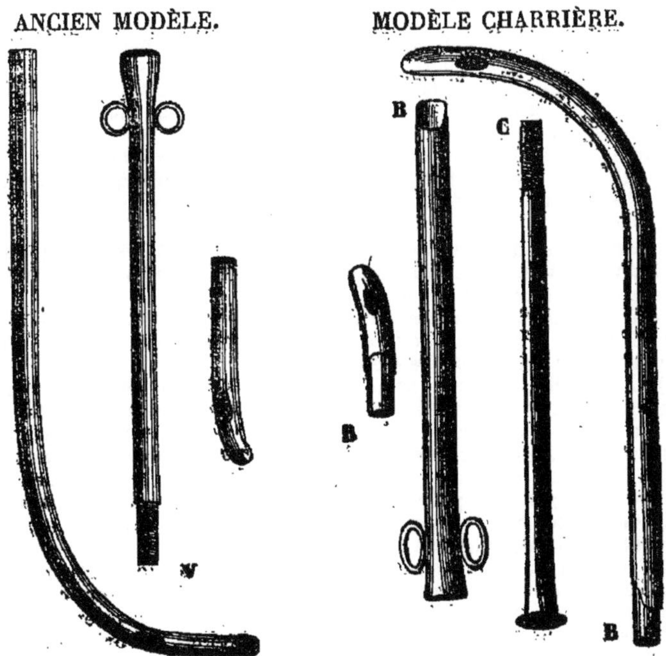

La sonde montée se compose de trois pièces au lieu de deux. L'extrémité inférieure de la pièce qui porte le pavillon et l'extrémité supérieure de

		fr. c.		fr. c.
N° 11.	— Sonde pour homme et femme (modèle Charrière), en argent.	8 »	à	11 »
12.	— *id.* *id.* en vermeil. .	12 »	à	15 »

Avec les sondes pour homme et femme, on me demande quelquefois un bout de sonde pour enfant et un bout de sonde droit pour homme. En plus, 5 fr. chaque.

13.	— Sonde de Belloc, en maillechort.	4 »	à	5 »
14.	— *id.* en argent.	7 »	à	9 »
15.	— *id.* en vermeil.	10 »	à	13 »
16.	— Sonde de poitrine, en acier.	1 »	à	1 50
17.	— *id.* en maillechort.	1 50	à	2 »
18.	— *id.* en argent.	4 »	à	5 »
19.	— *id.* en vermeil.	6 »	à	8 »

AIGUILLES.

Aiguilles à séton, sans châsse.	1 50	à	2 »
id. avec châsse à coulant (divers modèles).	2 50	à	6 »
id. montée comme un bistouri, et à lame mobile dans le genre de celles de M. Jacquemin (modèle Charrière).	5 »	à	12 »
Aiguilles à suture, *de tous modèles*, trempées en ressort (1).	» 40	à	» 50
Aiguilles à bec-de-lièvre, en acier.	» 40	à	» 50
id. en argent, modifiées par Charrière (2).	1 »	à	1 50
id. en or. . . . . *id.* . . .	2 50	à	4 »

---

celle qui porte le bec B B, se joignent l'une à l'autre par simple frottement, et s'assemblent moitié par moitié. Lorsqu'elles sont ainsi en rapport exact, on introduit par l'embouchure la tige munie d'un pas de vis C, et l'on tourne de gauche à droite jusqu'à ce qu'on éprouve la résistance indiquant que les pièces sont solidement jointes.

Pour démonter l'instrument, on imprime à la tige intérieure un mouvement de rotation en sens inverse du précédent, et une fois qu'elle est dégagée, on sépare les deux pièces de la sonde par un simple mouvement de traction en sens inverse.

Ce mécanisme, que j'ai livré à la publicité en 1837, est adopté maintenant à l'exclusion de tout autre; il maintient forcément et toujours les rapports nécessaires entre la direction des anneaux et celle du bec de la sonde.

Il est facile de comprendre qu'à l'aide de ce mécanisme, on pourra toujours faire adapter à la pièce supérieure de la sonde telle autre pièce que l'on voudra, soit pour sonde droite, sonde d'enfant, etc.

(1) Les aiguilles à suture se faisaient généralement sans être trempées; aussi n'était-il pas de jour que MM. les chirurgiens ne fissent aux fabricants ce reproche, que les pointes se ployaient au moindre effort dans les opérations. Nous avons souvent signalé cet inconvénient grave, auquel nous sommes parvenus à obvier. Mais si notre exemple commence à être suivi, il ne l'est point encore d'une manière assez générale pour nous dispenser de rappeler que nos aiguilles à suture, courbes ou demi-courbes, sont toujours trempées en ressort, ce qui empêche les pointes de jamais ployer en traversant les tissus.

(2) J'ai apporté aux aiguilles à bec-de-lièvre une modification que je crois très-importante. Il y a quelques années, ces aiguilles consistaient en un tube creux en argent ou en or; à l'une des extrémités se montait sur un pas de vis intérieur, une pointe en fer de lance. Pour adapter ainsi la pointe à l'aiguille, il fallait au tube un assez gros volume, et le dévissage des pointes exigeait beaucoup de temps, tout en restant fort difficile, une fois les aiguilles placées sur le malade. J'ai conservé l'ancien tube en or ou en argent, mais je l'ai fait plus mince; je l'ai fermé par un bout auquel il est possible même, lorsque le chirurgien le désire, de souder une tête.

	fr.	c.		fr.	c.
Épingles disposées pour sutures; le cent.	»	50	à	»	»
Porte-fil pour ligatures, en corne ou en écaille. . . .	1	50	à	3	»
Aiguilles d'A. Cooper, en acier, manche en corne ou en écaille.	3	»	à	7	»
id. en argent. . . *id.* . . .	8	»	à	12	»
Tenaculum avec ou sans chas.	2	»	à	6	»
Trocart explorateur, avec gaîne en argent ou en platine.	2	50	à	6	»
Érignes *de tous modèles*	2	»	à	8	»
Pharyngotome, en maillechort.	6	»	à	12	»
id. en argent.	12	»	à	20	»
id. en vermeil.	16	»	à	24	»

PORTE-PIERRE.

Porte-pierre en argent, avec étui en ébène.	1	25	à	1	75
id. *id.* avec étui en corne noire, cerclé et goupillé	2	»	à	2	50
Porte-pierre tout en argent, simple, *de tous modèles*. .	6	»	à	12	»
id. *id.* sans soudure (modèle Charrière) (1)	12	»	à	18	»
Le même, en vermeil.	14	»	à	22	»
Porte-pierre à crayon avec pincettes en argent . .	9	»	à	14	»
Le même, en vermeil.	14	»	à	22	»
Le même, avec le porte-nitrate fort, en platine, en plus	5	»			
Le même, avec un porte-sulfate de cuivre, en argent, réuni au porte-nitrate, en plus, de. . . .	5	»	à	7	»
Le même, à crayon, crayon-plume et calendrier, et à cachet en argent.	13	»	à	17	»

Par l'extrémité restée ouverte, j'introduis un fil d'acier calibré sur le tube, et terminé en fer de lance. Cette disposition a l'avantage de rendre plus solide, au moment où l'on traverse les chairs, le corps de l'aiguille, et de permettre d'enlever rapidement la pointe d'acier et son mandrin par un simple mouvement de traction, dès que l'aiguille est introduite.

(1) Les porte-caustiques sont des instruments en apparence fort simples, et auxquels on n'attache pas l'importance qu'ils méritent. Ce n'est qu'après s'en être servi que l'on voit ce qui leur manque, et que l'on s'aperçoit des accidents auxquels peut donner lieu leur mauvaise fabrication.

Tels qu'on les confectionne généralement, les porte-caustiques sont composés de plusieurs pièces réunies par la soudure. Le contact du nitrate d'argent, dissous par l'humidité, détruit promptement ces soudures, de telle sorte que l'instrument se désassemble souvent sur un des points soudés, comme on l'a vu quelquefois survenir pendant des opérations. Voici l'indication des changements que j'ai apportés dans leur confection.

Le porte-pierre de trousse se composait d'un étui en ébène, avec cercle d'ivoire collé, ou d'un étui en ivoire avec cercle de buffle collé. Un prolongement cylindrique et mince de l'ivoire ou de l'ébène supportait le porte-crayon, formé, comme nous l'avons dit, de pièces distinctes réunies, ainsi que le coulant, par des soudures appropriées. Pour les premiers étuis, j'ai remplacé l'ébène, bois très-poreux, par la corne de buffle, dont la substance est beaucoup plus compacte.

Les cercles d'ivoire collé se brisaient facilement ou se décollaient par suite des variations de température. Je les ai remplacés par des cercles en argent, fixés par des goupilles vissées. (On ne confondra point avec ces étuis ceux d'ébène garnis en maillechort, à l'aide desquels on a tenté de les imiter.)

Au lieu de faire supporter le porte-crayon par un prolongement cylindrique de l'ébène ou de l'ivoire reçu dans le tube métallique, disposition qui n'offrait pas la moindre solidité, j'ai creusé dans la masse de buffle un trou dans lequel j'introduis l'extrémité du porte-crayon que maintient une goupille transversale en argent. Enfin, le coulant et le porte-crayon, dont les soudures étaient toujours atta-

LANCETTES (1).

	fr. c.		fr. c.
Lancettes en corne blonde.	1 »		
id. noire.	1 »	à	1 25
Lancettes en écaille.	1 50	à	4 »
Les lancettes disposées pour la vaccine sont du même prix.			
Lancettes à abcès, en corne blonde.	1 50		
id. en corne noire.	1 75		
id. en écaille.	2 25	à	6 »
Lancettes à tranchant limité (modèle de M. Malgaigne).	1 25	à	1 75
Lancettes à gaine (modèle de M. Colombat).	2 50	à	4 »
Lancettes à ressort *de tous modèles*.	10 »	à	20 »
Crochet œsophagien, à brisure, avec éponge d'un bout, disposé pour entrer dans les trousses.	10 »	à	15 »

quées par le sel argentique, sont remplacés par une fabrication sans soudure, prise sur pièce, et non susceptible, conséquemment, de se désassembler.

Cependant, avec beaucoup de praticiens, je donne la préférence au porte-crayon en platine, quoiqu'il soit un peu plus cher, parce qu'il est complétement inattaquable aux acides.

Je propose également les étuis en buffle plutôt que ceux en ivoire, ces derniers se tachant facilement par le nitrate d'argent en solution. Cependant l'ivoire, préalablement teint en noir, constituerait encore le meilleur étui de ce genre.

Dans les trousses en argent, le porte-pierre était renfermé dans un étui en argent *soudé;* cet instrument avait le double inconvénient de laisser attaquer ses soudures par l'acide du nitrate d'argent, et de n'avoir qu'une seule application. Nous avons réuni le porte-pierre au porte-mine, ce qui permet de l'allonger en vissant l'étui du porte-nitrate, *fait d'une seule pièce et sans soudure*, à l'autre extrémité de l'instrument; on a ainsi la facilité de pouvoir cautériser dans une cavité profonde.

On trouve chez moi des porte-pierres plus ou moins compliqués, *tous avec étuis d'une seule pièce, sans assemblage et sans soudure*, et pouvant contenir, suivant le désir de MM. les chirurgiens : 1° un porte-nitrate ; 2° un porte-sulfate de cuivre ; 3° un porte-mine ; 4° une aiguille pour extraire les corps étrangers de la cornée ; 5° une pince porte-charpie pour l'utérus, se vissant au bout du porte-mine ; toutes ces pièces pouvant se combiner une à une, deux à deux, ou se trouver réunies à volonté dans le même instrument ; 6° des porte-nitrates en cuvette, pour l'intérieur du col de l'utérus ; 7° des porte-nitrates grillagés, etc.

J'ai fait monter sur de longs étuis en buffle, d'un bout le porte-nitrate, de l'autre une pince porte-charpie, les deux divisions de l'instrument se trouvant réunies au milieu par un système de brisure qui les rend très-portatifs sans nuire en rien à leur solidité. (Voir pour plus de détails l'article du Catalogue général consacré aux maladies des femmes.)

Si nous insistons aussi longuement sur le mode de confection des porte-caustiques sans soudure, c'est que MM. les chirurgiens en ont depuis longtemps reconnu toute l'importance, et plus encore lorsqu'il s'agit de ceux destinés aux cautérisations de l'urètre. On trouvera, dans l'article du Catalogue relatif aux maladies des voies urinaires, la description très-détaillée des divers modèles de ces instruments que réclame chaque opération.

(1) Jusqu'ici, les châsses des lancettes étaient en corne blonde, et ne présentaient pas les mêmes dimensions que celles des lancettes en écaille. De là, une infinité d'inconvénients pour les étuis qui devaient en contenir de l'une et de l'autre espèce. De plus, la corne blonde, qui est transparente, paraissait malpropre, par suite de la teinte de rouille déterminée par le séjour de l'eau qu'il est impossible d'enlever complétement entre les châsses et la lame de l'instrument. Enfin, de même que les châsses de bistouris, fabriquées également en corne blonde, elles faisaient disparate avec l'étui noir du porte-pierre et la châsse du rasoir en corne de même couleur.

Nous avons adopté la corne noire pour les châsses des bistouris et des lancettes, et nous leur avons donné la même grandeur et la même forme qu'à celles des mêmes instruments en écaille.

MODÈLES DE TROUSSES.

TROUSSE N° 1.

N° 1. — 1 bistouri.
2. — 1 paire de ciseaux.
3. — 1 porte-mèche.
4. — 1 stylet.
5. — 1 pince à artères.
6. — 1 porte pierre.
7. — la trousse.

Si l'on désire des aiguilles à suture et des lancettes, voir la liste générale, pages 8 et 10.

	fr.	c.		fr.	c.
Cette trousse, avec instruments au poli ordinaire. . .	10	»	à	15	»
La même, le bistouri manche d'ivoire ou en corne noire, instruments au beau poli. .	20	»	à	25	»
La même, manche en écaille, instruments au beau poli.	25	»	à	30	»
La même, *id.* *id.* en argent.	50	»	à	65	»
La même, *id.* ou en nacre, instruments en vermeil.	68	»	à	80	»

TROUSSE N° 2.

N° 1. — 2 bistouris.
2. — 1 paire de ciseaux.
3. — 1 sonde cannelée.
4. — 2 stylets.
5. — 1 spatule.
6. — 1 pince à artères.
7. — 1 pince à pansement.
8. — 1 porte-pierre.
9. — la trousse.

Si l'on désire des aiguilles à suture et des lancettes, voir la liste générale, pages 8 et 10.

	fr.	c.		fr.	c.
Cette trousse, avec instruments au poli ordinaire. . .	14	»	à	18	»
La même, manches d'ivoire ou en corne noire, instruments au beau poli.	24	»	à	28	»
La même, manches en écaille, instruments au beau poli.	26	»	à	30	»
La même, *id.* *id.* en argent. .	70	»	à	90	»
La même, *id.* *id.* en vermeil.	110	»	à	130	»

TROUSSE N° 3.

N° 1. — 2 bistouris.
2. — 1 paire de ciseaux.
3. — 1 sonde cannelée.
4. — 1 sonde pour homme et femme.
5. — 3 stylets.
6. — 1 spatule.
7. — 1 pince à artères.
8. — 1 pince à pansement.
9. — 1 porte-pierre.
10. — la trousse.

Si l'on désire des aiguilles à suture et des lancettes, voir la liste générale, pages 8 et 10.

	fr.	c.		fr.	c.
Cette trousse, avec instruments au poli ordinaire. . . .	22	»	à	28	»
La même, manches d'ivoire ou en corne noire; instruments au beau poli.	30	»	à	35	»
La même, manches en écaille, instrument au beau poli.	30	»	à	40	»
La même, *id.* *id.* en argent. .	90	»	à	105	»
La même, *id.* ou en nacre *id.* en vermeil. .	130	»	à	135	»

TROUSSE N° 4.

N° 1. — 1 rasoir.
2. — 3 bistouris.
3. — 2 paires de ciseaux.
4. — 1 sonde cannelée.
5. — 1 sonde de femme.
6. — 3 stylets.
7. — 1 spatule.
8. — 1 pince à artères.
9. — 1 pince à pansement.
10. — 1 porte-pierre.
11. — la trousse.

Si l'on désire des aiguilles à suture et des lancettes, voir la liste générale, pages 8 et 10.

	fr.	c.		fr.	c.
Cette trousse, avec instruments au poli ordinaire. . .	22	»	à	25	»
La même, manches en corne noire ou en ivoire; instruments au beau poli.	35	»	à	40	»
La même, manches en écaille, instruments au beau poli.	40	»	à	45	»
La même, *id.* *id.* en argent. .	110	»	à	120	»
La même, *id.* ou en nacre, *id.* en vermeil..	190	»	à	210	»

TROUSSE N° 5.

Cette trousse renferme les mêmes instruments que la précédente, n° 4; seulement, au lieu d'une simple sonde de femme, il y a une sonde pour homme et femme, en argent. Voici les modifications que ce changement apporte dans les prix.

	fr.	c.		fr.	c.
Instruments au poli ordinaire	28	»	à	32	»
Manches en ivoire ou en corne noire, instruments au beau poli.	41	»	à	47	»
Manches en écaille, *id.*	46	»	à	51	»
id. instruments en argent. . . .	117	»	à	127	»
Manches *id.* ou en nacre, *id.* en vermeil. . .	196	»	à	217	»

TROUSSE N° 6.

N° 1. — 1 rasoir.
2. — 4 bistouris.
3. — 2 paires de ciseaux.
4. — 1 sonde cannelée.
5. — 1 sonde de Belloc.
6. — 1 sonde pour homme et femme.
7. — 3 stylets.
8. — 1 spatule.
9 — 1 pince à artères.
10. — 1 pince à pansement.
11. — 1 porte-pierre.
12. — la trousse.

Si l'on désire des aiguilles à suture et des lancettes, voir la liste générale, pages 8 et 10.

Cette trousse avec instruments au poli ordinaire. . . .	40	»	à	44	»
La même, manches en ivoire ou en corne noire, instruments au beau poli.	52	»	à	55	»
La même, manches en écaille, *id.*	60	»	à	65	»
La même, *id.* instruments en argent.	132	»	à	142	»
La même, *id.* en nacre, instruments en vermeil.	215	»	à	240	»

TROUSSE N° 7.

N° 1. — 1 rasoir.
2. — 1 bistouri droit pointu.
3. — 1 *id.* *id.* étroit.
4. — 1 *id.* convexe.
5. — 1 *id.* long boutonné servant aussi pour les amygdales.
6. — 1 *id.* d'A. Cooper ou de Pott, pour les hernies.
7. — 1 aiguille à séton.
8. — 2 paires de ciseaux.
9. — 1 tenaculum.
10. — 1 érigne double, à curette.
11. — 1 trocart explorateur.
12. — 2 sondes cannelées.
13. — 1 sonde de Belloc.
14. — 1 sonde pour homme et pour femme.
15. — 4 stylets dont un fin.
16. — 1 spatule.
17. — 1 pince à artères
18. — 1 pince à pansement.
19. — 1 porte-pierre.
20. — la trousse.

Si l'on désire des aiguilles à suture et des lancettes, voir la liste générale, pages 8 et 10.

	fr. c.		fr. c.
Cette trousse, avec instruments au poli ordinaire. . .	55 »	à	60 »
La même, manches en corne noire ou en ivoire, instruments au beau poli.	72 »	à	78 »
La même, manches en écaille, instruments au beau poli.	86 »	à	95 »
La même, *id.* *id.* en argent. .	170 »	à	180 »
La même, *id.* ou en nacre, *id.* en vermeil..	250 »	à	280 »

TROUSSE N° 8.

N° 1. — 1 rasoir.
2. — 2 bistouris droits pointus.
3. — 1 *id.* *id.* à lame étroite.
4. — 1 *id.* convexe.
5. — 1 *id.* plus petit.
6. — 1 *id.* mousse ou boutonné long de M. Blandin, servant aussi pour les amygdales.
7. — 1 *id.* d'A. Cooper ou de Pott pour les hernies.
8. — 1 aiguille à séton.
9. — 3 paires de ciseaux variés, droits et courbes.
10. — 1 pharyngotome.
11. — 1 tenaculum.
12. — 1 pince-érigne de M. Robert pour les amygdales.
13. — 1 érigne double, à curette.
14. — 1 trocart explorateur.
15. — 1 aiguille d'A. Cooper.
16. — 2 sondes cannelées.
17. — 1 sonde de poitrine.
18. — 1 sonde de Belloc.
19. — 1 sonde pour homme et pour femme.
20. — 4 stylets dont un fin.
21. — 1 spatule.
22. — 1 pince porte-charpie de M. Ricord.
23. — 1 pince à torsion et à ligature.
24. — 1 pince à dissection.
25. — 1 pince à pansement croisée (modèle Charrière).
26. — 1 porte-pierre.
27. — la trousse.

Si l'on désire des aiguilles à suture et des lancettes, voir la liste générale, pages 8 et 10.

	fr. c.		fr. c.
Cette trousse, avec instruments au poli ordinaire. . .	105 »	à	115 »
La même, manches en corne noire ou en ivoire, instruments au beau poli.	135 »	à	145 »
La même, manches en écaille, instruments au beau poli.	150 »	à	160 »
La même, *id.* instruments en argent.	280 »	à	310 »
La même, *id.* ou en nacre, instruments en vermeil.	440 »	à	480 »

TROUSSE N° 8 *bis*.

La même que la précédente, avec addition des instruments suivants :

N° 1. — 1 ténotome à deux lames.
2. — 1 lancette à abcès.
3. — 1 *id.* à vaccin.
4. — 6 *id.* à saigner, assorties de largeur.
5. — 1 scarificateur des gencives (de M. Larrey).
6. — 1 crochet œsophagien, à brisure, avec éponge d'un bout, disposé pour entrer dans la trousse.
7. — 100 épingles à suture.
8. — 1 sonde d'enfant indépendante, ou réunie à la sonde d'homme et de femme, en argent.

Cette trousse, avec manches en corne noire ou en ivoire, instruments au beau poli.	170 »	à	180 »
La même, manches en écaille, avec instruments au beau poli.	195 »	à	205 »
La même, manches en écaille, instruments en argent.	325 »	à	355 »
La même, manches en écaille ou en nacre, instruments en vermeil.	495 »	à	535 »

TROUSSES

POUR MM. LES CHIRURGIENS MILITAIRES.

En 1841, lors de la création du modèle type de la giberne et de la trousse réglementaire, j'ai eu l'honneur d'adresser à MM. les officiers de santé de l'armée une circulaire contenant la description complète de ce modèle, tel qu'il a été établi par moi, d'après les indications fournies par le conseil de santé des armées, et adopté comme il est dit dans le Journal militaire officiel, 1841, n° 25.

Depuis cette époque, la giberne et la trousse n'ayant subi aucun changement fondamental, je me bornerai aujourd'hui à indiquer les modifications que j'ai apportées dans les prix des instruments, et les perfectionnements que j'ai cherché à donner à la giberne(1). Ce dernier objet pourrait du reste être établi à un prix moins élevé, car on peut faire de grandes économies dans la dorure, dans la qualité du cuir verni, dans celle de son enveloppe, ainsi que dans sa construction. Ces différences

---

(1) J'ai modifié la tirette de manière à ce qu'elle puisse s'allonger ou se raccourcir à volonté, au moyen d'un écrou qui va et vient sur une vis sans pouvoir se détacher, cette disposition étant indispensable en raison des variations d'épaisseur de la giberne, occasionnées par la présence de son enveloppe, ou par la quantité plus ou moins grande d'instruments contenus dans la trousse.

Le Bulletin des officiers de santé de l'armée a signalé ce changement utile.

capitales échappent au moment de la réception, surtout s'il n'y pas de confrontation; mais, bientôt après la mise en usage, on juge de l'infériorité. C'est pourquoi je tiens essentiellement à fournir le tout en premier choix, ainsi que tous les instruments, avec la garantie essentielle de leur qualité et de leur parfaite solidité.

Je m'en rapporte d'ailleurs à la pratique et à l'expérience sur des questions de ce genre, qui seraient susceptibles de très-grands développements.

Le prix de la giberne et du baudrier est fixé à. . . . . . 33 fr.
La même, avec une dorure plus forte. 35

LISTE

DES INSTRUMENTS D'APRÈS L'INDICATION MINISTÉRIELLE.

TROUSSE N° 1.

N° 1. — 1 rasoir, châsse en corne noire.
2. — 1 bistouri droit, manche en corne noire, à petit coulant qui maintient la lame ouverte ou fermée à volonté (modèle Charrière).
3. — 1 *id.* convexe, même modèle.
4. — 1 *id.* mousse ou boutonné.
5. — 1 paire de ciseaux droits, acier fondu.
6. — 1 *id.* courbés sur le plat.
7. — 1 sonde cannelée, en acier.
8. — 1 sonde pour homme et femme, en argent, à fortes parois, la vis intérieure aussi en argent. Voir pour l'explication et figures de la sonde la note page 7.
9. — 1 stylet cannelé, en acier.
10. — 1 *id.* aiguillé.
11. — porte-mèche.
12. — 1 spatule trempée en acier au beau poli, servant en même temps de levier
13. — 1 pince à pansements, croisée, en acier trempé en ressort (modèle Charrière). Voir la note page 5.
14. — 1 *id.* à artères, avec goupille pour empêcher la déviation.
15. — 1 porte-pierre en corne noire, avec crayon en bois et virole en argent. Voir la note page 10.
16. — 4 lancettes, châsses en corne noire. Voir la note page 10.
17. — 4 aiguilles à suture trempées en ressort. Voir la note page 8.
18 — 1 portefeuille garni en velours de soie, fermoir à touret.

Tous ces instruments sont du plus beau fini, et de la même qualité que ceux du modèle-type fourni parmoi à l'administration de la guerre pour être déposés dans les hôpitaux militaires.

Le prix de cette trousse est de. . . . . 50 fr.

TROUSSE N° 1 *bis.*

De la même composition et de même qualité que la précédente, cette trousse n'en diffère que par l'ensemble du fini.
Son prix est de. . . . . 45 fr.

TROUSSE N° 2.

La même que la trousse n° 1, avec les bistouris, le rasoir et les lancettes à manches d'écaille, en plus. . . . 4 fr. 50 c.

TROUSSE N° 3.

N° 1. — 1 rasoir. .
2. — 1 bistouri droit à petit coulant, qui maintient la lame ouverte ou fermée à volonté (modèle Charrière).
3. — 1 bistouri convexe, même modèle.
4. — 1 *id.* mousse, *id.*
5. — 1 paire de ciseaux droits.
6. — 1 *id.* courbés sur le plat.
7. — 1 sonde cannelée en acier.
8. — 1 *id.* d'homme et de femme en maillechort (modèle Charrière). Voir la note page 7.
9. — 1 stylet aiguillé en acier.
10. — 1 stylet cannelé en acier.
11. — 1 porte-mèche.
12. — 1 spatule.
13. — 1 pince à artères.
14. — 1 pince à pansements, croisée (modèle Charrière).
15. — 1 porte-pierre en argent, étui en corne noire.
16. — 1 portefeuille-trousse.

Le prix de cette trousse est de. . . . . fr. 32 25
Les 4 lancettes et les 4 aiguilles à suture, en plus. 5 25

TROUSSE N° 4.

Voici une liste d'instrùments dont plusieurs sont confectionnés en argent :

N° 1. — 1 rasoir, châsses en écaille.
2. — 1 bistouri droit en écaille ; la lame ouverte ou qui maintient fermée à volonté (modèle Charrière).
3. — 1 bistouri convexe, écaille.
4. — 1 *id.* droit mousse, dito.
5. — 4 lancettes en écaille.
6. — 1 paire de ciseaux droits, acier fondu.
7. — 1 *id.* courbés sur le plat.
8. — 4 aiguilles à suture, trempées en ressort.
9. — 1 sonde cannelée, en argent, très-solide.
10. — 1 sonde pour homme et femme, en argent.
11. — 1 stylet aiguillé, en argent.
12. — 1 stylet cannelé, *id.*
13. — 1 porte-mèche, *id.*
14. — 1 spatule en acier, servant aussi de levier.
15. — 1 pince à artères, à mors trempés en ressort, et à goupille, pour empêcher la déviation des mors.
16. — 1 pince à pansements croisés (modèle Charrière).
17. — 1 porte-pierre à crayon, en argent (1).
18. — 1 portefeuille en maroquin, garni de velours de soie.

Le prix de cette trousse est de . . . . 72 fr.

---

(1) Si l'on désirait le porte-nitrate en platine et fort, il coûterait en plus. . . . . 5 fr.

Si l'on désirait compléter tout en argent, la trousse n° 4, on pourrait :

Remplacer les ciseaux tout en acier par des ciseaux garnis d'argent, soudés et non cimentés. (Voir la note, page 5). En plus . . . . . . 19 fr.

La pince à pansements en acier, par une pince en argent (modèle Charrière) soudée comme les ciseaux. En plus . . . . 9 fr.

Ajouter au porte-caustique à crayon en argent, le porte-nitrate en platine. En plus. . . . . 5 fr.

Une spatule en argent servant aussi de levier. En plus . . . . 6 fr.

Le fermoir de la trousse en argent orné de gravure . . . . . . 3 fr.

Ainsi, la trousse désignée sous le n° 4, avec échange des pièces en acier contre les pièces ci-dessus en argent, et avec le porte-nitrate en platine, fait un supplément de . . . . 42 fr

---

TROUSSE ou ÉTUI A DISSECTION,

Selon le modèle type que j'ai établi d'après les indications que j'ai reçues du Conseil de santé de l'armée.

MODÈLE RÉGLEMENTAIRE.

8 bistouris scalpels assortis de forme et grandeur, et dont un très-grand; manches en corne de buffle, fabriqués d'une seule pièce.
1 pince à dissection, taillée en lime, avec goupille pour empêcher la déviation des mors, et trempée en ressort.
2 paires de ciseaux de deux grandeurs.
2 érignes à chaîne.
1 étui-trousse, fermoir en maillechort.

Le tout. . . . . 17 fr.

TROUSSES DE SAGE-FEMME.

TROUSSE N° 1.

N° 1. — 2 lancettes en corne.
2. — 1 paire de ciseaux en acier.
3. — 1 sonde cannelée, *id.*
N° 4. — 1 sonde de femme, en argent.
5. — 1 tube laryngien, *id.*
6. — 1 porte-pierre, avec étui en ébène.

	fr.	c.		fr.	c.
Trousse toute en maroquin.					
Prix total.	16	»	à	20	»

TROUSSE N° 2.

N° 1. — 2 lancettes en écaille.
2. — 1 paire de ciseaux en acier.
3. — 1 sonde cannelée en argent.
4. — 1 sonde de femme, *id.*
5. — 1 tube laryngien, *id.*
6. — 1 porte-pierre, avec étui en corne.

Trousse en maroquin, l'intérieur en velours.					
Prix total.	24	»	à	30	»

TROUSSE N° 3.

N° 1. — 2 lancettes en écaille.
2. — 1 paire de ciseaux en acier.
3. — 1 sonde cannelée en argent.
4. — 1 sonde de femme, *id.*
5. — 1 tube laryngien, *id.*
6. — 1 bistouri, manche en écaille.
7. — 1 porte-pierre en argent.

Trousse en maroquin, l'intérieur garni en velours.	fr. c.		fr. c.
Prix total.	30 »	à	36 »

TROUSSE N° 4.

N° 1. — 2 lancettes en écaille.
2. — 1 paire de ciseaux en argent.
3. — 1 sonde cannelée, *id.*
4. — 1 sonde de femme, *id.*
5. — 1 tube laryngien, *id.*
6. — 1 bistouri, manche en écaille.
7. — porte-pierre en argent et à crayon.

Trousse en maroquin, l'intérieur garni en velours.
Prix total. . . . . 44 » à 50 »

TROUSSES VIDES.

Je ne puis mentionner ici toutes les variétés que présente cet article. On peut lui donner tout le luxe désirable. Ce luxe est, d'ailleurs, toujours proportionné à la richesse des instruments. Je n'indiquerai que les modèles qui sont d'une vente générale.

TROUSSES A HUIT PLACES.

	fr. c.		fr. c.
Trousse toute en maroquin, fermoir en maillechort. . .	2 50	à	3 50
Trousse en maroquin, l'intérieur en velours, *id.*	5 »	à	7 »
Trousse en cuir du Levant, ou de Russie, l'intérieur en velours, fermoir en maillechort ou en argent.	8 »	à	14 »

TROUSSES A DOUZE PLACES.

Trousse toute en maroquin, fermoir en maillechort. . . .	3 »	à	4 50
Trousse en maroquin, l'intérieur en velours, fermoir en maillechort.	6 »	à	8 »
Trousse en cuir du Levant, ou de Russie, l'intérieur en velours, fermoir en maillechort ou en argent.	8 50	à	14 »

TROUSSES A QUINZE PLACES.

Trousse toute en maroquin, fermoir en maillechort. . . .	4 »	à	6 »
Trousse en maroquin, l'intérieur en velours, *id.*	8 »	à	12 »
Trousse en cuir du Levant, ou de Russie, l'intérieur en velours, fermoir en maillechort ou en argent.	10 »	à	16 »

TROUSSES A DIX-HUIT PLACES.

	fr. c.		fr. c.
Trousse toute en maroquin, fermoir en maillechort. . .	4 50	à	7 »
Trousse en maroquin, l'intérieur en velours, fermoir en maillechort.	9 »	à	14 »
Trousse en cuir du Levant, ou de Russie, l'intérieur en velours, fermoir en maillechort ou en argent.	11 »	à	18 »

TROUSSES A VINGT ET UNE PLACES.

Trousse toute en maroquin, fermoir en maillechort. . . .	5 »	à	8 »
Trousse en maroquin, l'intérieur en velours, fermoir en maillechort.	11 »	à	15 »
Trousse en cuir du Levant, ou de Russie, l'intérieur en velours, fermoir en maillechort ou en argent.	12 »	à	20 »

On fabrique des trousses à un plus ou moins grand nombre de places, suivant la quantité d'instruments qu'on désire. Je le répète, c'est un article qui varie suivant les goûts de chacun ; je me conformerai toujours aux demandes qui me seront faites.

Il existe dans toutes les trousses des poches spéciales pour les lancettes, les aiguilles à suture et les fils.

LANCETIERS.

		fr. c.		fr. c.
N° 1. —	Lancetier en carton, couvert en peau.	1 »	à	1 50
2. —	*id.* portefeuille tout en peau.	1 25	à	1 50
4. —	*id.* maroquin, doublé en soie.	1 50	à	2 50
4. —	*id.* en cuir du Levant. .	2 »	à	3 »
5. —	*id.* en bois de palissandre, ébène et autres, cerclé en grillé, en maillechort goupillé.	1 50	à	2 »
6. —	Lancetier en maillechort, à 2 places.	4 »	à	5 »
7. —	*id.* à 4 places.	6 »	à	7 »
8. —	*id.* à 6 places.	7 »	à	8 »
9. —	*id.* en argent, à 2 places.	9 »	à	15 »
10. —	*id.* à 3 places.	12 »	à	20 »
11. —	*id.* à 4 places.	14 »	à	22 »
12. —	*id.* à 6 places.	14 »	à	24 »
13. —	*id.* en vermeil, à 2 places	12 »	à	18 »
14. —	*id.* à 3 places.	18 »	à	25 »
15. —	*id.* à 4 places.	25 »	à	30 »
16. —	*id.* à 6 places.	30 »	à	35 »

Je ne crois pas nécessaire de mentionner les lancetiers d'un plus grand luxe; ce sont alors des objets de fantaisie qui peuvent varier suivant les désirs de chacun.

STÉTHOSCOPES.

		fr. c.		fr. c.
N° 1. —	Stéthoscope de Laennec, bois de cèdre.	1 75	à	2 »
2. —	*id.* de M. Piorry, *id.* et plaque d'ivoire. . .	2 75	à	3 25
3. —	*id.* *id.* bois d'ébène et plaque d'ivoire. . .	3 50	à	4 »
4. —	*id.* *id.* modifié.	3 50	à	5 »

			fr. c.		fr. c.
Nº 5. —	Stéthoscope de M. Louis, bois de cèdre		2 25	à	2 75
6. —	id.	id. ébène	3 »	à	3 50
7. —	id.	de M. Trousseau, bois de cèdre	2 »	à	2 75
8. —	id.	id. ébène	3 »	à	3 50
9. —	id.	de M. Gendrin, bois de cèdre	2 25	à	2 50
10. —	id.	id. ébène	3 »	à	3 50
11. —	id.	de M. Colombat (de l'Isère)	5 »	à	8 »
12. —	id.	de M. Fauvel, bois de cèdre	1 50	à	1 75
13. —		id. ébène	2 25	à	3 »
14. —	id.	de M. Depaul, bois de cèdre	2 50	à	3 »
15. —	id.	id. ébène	3 50	à	4 »
16. —	id.	de M. Landouzy	2 »	à	3 »
17. —	id.	de M. Nauche	6 »	à	10 »

PLESSIMÈTRES.

Plessimètre de M. Piorry, en ivoire ou écaille, à oreilles, *de divers modèles, gradués*	2 25	à	10 »
Plessimètres en métal et à oreilles articulées	2 50	à	3 »
Id. garnis en caoutchouc	3 »	à	5 »
Id. tout en caoutchouc	» 50	à	1 »

NOUVEAU BISTOURI A GAINE.

Je vais donner ici la description d'un nouveau genre de *bistouri à gaîne*, que j'ai exécuté d'après les indications de M. Blandin pour l'opération de la *ténotomie anale sous-cutanée*. Les détails que je donne sur ce sujet, sont empruntés à la thèse de M. le docteur Aucler, et ont été publiés le 7 janvier 1847 dans la *Gazette des hôpitaux*.

« ..... A la rigueur on pourrait employer pour la section du sphincter anal le ténotome ordinaire ou un bistouri boutonné; mais ces deux instruments ne remplissent pas complétement les indications que l'on se propose. Le ténotome ordinaire n'a pas une lame assez longue pour atteindre toute la largeur du muscle, et, bien que son extrémité soit mousse, il n'est point assez fortement boutonné pour garantir complétement de la perforation la muqueuse intestinale. Or, on conçoit quels pourraient être les inconvénients de cette perforation; sans parler des accidents inflammatoires qui pourraient en être la conséquence, le moindre accident serait la production d'une fistule entretenue par le passage continuel des matières fécales liquides au travers du trajet fistuleux.

Quant au bistouri boutonné, la lame n'en serait ni assez mince, ni assez étroite, à moins qu'on ne fît un instrument exprès; et encore, dans ce dernier cas, aurait-on le désavantage de ne pouvoir cacher le tranchant du bistouri au moment de l'introduction, disposition qui pourrait faire craindre la lésion des parties molles environnantes. Il fallait, pour éviter tous ces inconvénients, se servir d'un instrument qui réunît à la force du bistouri boutonné la minceur du ténotome et la disposition cachée du *bistouri à gaîne*. Quant à ce dernier, M. Blandin avait remarqué que dans l'arsenal si nombreux, et par cela même si incomplet, des instruments de chirurgie qui encombrent les boîtes des opérateurs, on ne trouvait pas de bistouri à gaîne dans lequel la pointe et le tranchant de la lame fussent également cachés, et qui cependant n'eût pas l'inconvénient d'émousser soit ce tranchant, soit cette pointe lorsqu'on faisait mouvoir la lame et la gaîne l'une sur l'autre. D'après cette idée, M. Charrière imagina le bistouri dont nous croyons être le premier à donner le dessin et la description complète, et qui remplit d'une manière parfaite chacune de ces importantes indications. Voici comment il est composé :

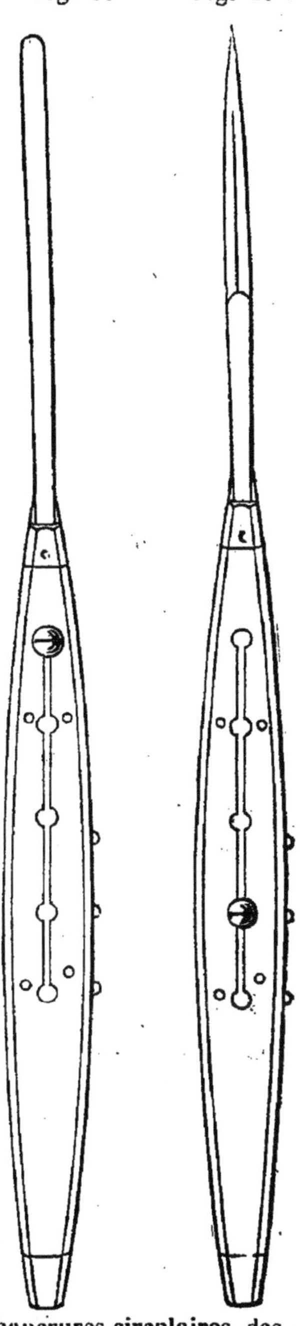

« La longueur de l'instrument est de 0m,15 ; 0m,055 pour la lame, 0m,095 pour le manche.

» La lame, droite, lancéolée, large de 3 millim. à son milieu, se terminant en pointe très-fine aux dépens de ses deux bords, et dirigée dans le même sens que le manche, présente le tranchant sur son bord gauche, et sur son bord droit un dos légèrement oblique d'une épaisseur de 1 millim. et demi. La face supérieure de la lame est creusée d'un sillon médian qui occupe les quatre cinquièmes de sa longueur.

» Sur cette face supérieure glisse une autre pièce un peu plus large que la lame, arrondie par le bout, convexe en dessus, et dont la face inférieure présente une arête saillante glissant dans la cannelure que nous avons décrite. Cette pièce supérieure, au moyen d'un bouton fixe sur le manche, rentre dans l'intérieur de ce manche de manière à découvrir telle étendue de lame que l'on juge nécessaire. L'instrument fermé (fig. 1) est disposé de telle sorte que la lame peut être introduite, dans un trajet fistuleux ou sous la peau, par une ouverture très-étroite sans entamer les tissus autrement que le ferait un stylet mousse. Pour faire agir le tranchant ou la pointe, il suffit, l'instrument étant tenu de la main droite, le pouce appuyé sur le bouton, d'imprimer à la pièce mousse qui recouvre la lame un mouvement de retrait dans le manche, mouvement semblable à celui que l'on exécute en faisant rentrer dans le manche la lame d'un canif simple à coulisse.

» Dans les premiers modèles, dont l'un a servi à exécuter la gravure que nous présentons, la coulisse du manche offrait cinq échancrures circulaires destinées à retenir le bouton conducteur de la pièce mousse supérieure. Sans supprimer les crans d'arrêt de la coulisse, M. Charrière, dans un nouveau modèle que nous avons sous les yeux, et qu'il a eu l'obligeance de nous communiquer, a fait disparaître ces échancrures qui nuisaient à la régularité du manche, et pouvaient causer quelques embarras dans le maniement de l'instrument.

» Sur le côté du manche correspondant au dos de la lame, M. Blandin a fait établir des points de repère indiquant la position de la lame lorsqu'elle est plongée dans les tissus.

» On comprend facilement qu'avec ce seul bistouri ténotome (nom que nous croyons être le plus convenable), on peut faire toute l'opération, avantage immense ; car la simplification d'un instrument est à la chirurgie ce que l'unité des méthodes thérapeutiques est à la médecine. Ainsi, avec le bistouri ténotome, en ne mettant à découvert que quelques millimètres de la lame, on peut pratiquer la ponction de la peau ; puis, la lame étant de nouveau recouverte, l'instrument peut être introduit entre le muscle et la muqueuse sans aucun danger de perforation de cette dernière, et sans aucun risque de blesser les parties entre lesquelles on l'introduit, l'instrument représentant alors un stylet mousse aplati. Enfin, lorsqu'il s'agit de couper le muscle, on fait glisser la pièce sur la lame tranchante, et l'on n'a plus affaire qu'à un bistouri ordinaire.

APPAREILS
POUR
L'INHALATION DE LA VAPEUR D'ÉTHER.

Les appareils à inhalation de la vapeur d'éther devenant chaque jour d'un emploi plus général, je crois devoir donner ci-dessous la figure et la description de ceux les plus employés et qui remplissent toutes les conditions qui sont venues à ma connaissance jusqu'à ce jour. (*Voir* pour plus de détails la notice explicative publiée les 11 février et 27 mars 1847.)

APPAREILS FIGURES 1 ET 2, MODÈLE CHARRIÈRE,

Le premier avec canaux moyens, le deuxième à gros canaux.

Figure 1.

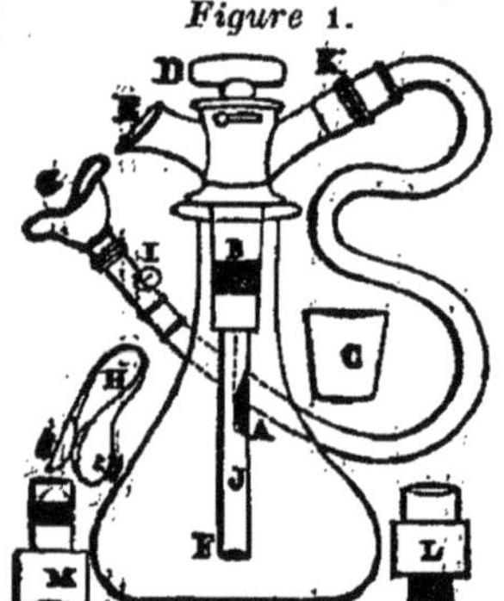

Figure 2.

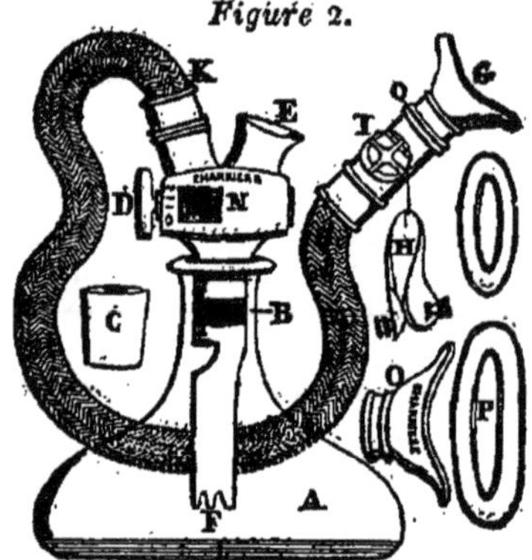

(Ces modèles ont été déposés conformément à la loi.)

Description commune aux appareils fig. 1 et 2.

A, réservoir en cristal ou en verre.

B, échancrure garnie de fil.

C, bouchon percé d'un trou dans lequel on peut placer l'appareil sur un simple flacon ou carafe.

De cette manière, on pourra, sans aucune complication, employer dans les ambulances militaires des flacons de pharmacie pour suppléer aux réservoirs spéciaux, ce qui rendra cet appareil très-portatif.

D, robinet à triple effet, avec une seule clef, que j'ai établi pour centraliser sur un seul point les trois actions : aspiration d'air pur, introduction d'air pur dans le réservoir, aspiration d'air saturé d'éther.

E, orifice externe du tuyau plongeur par lequel on peut verser l'éther.

F, tube plongeur qui conduit l'air atmosphérique à la partie inférieure du réservoir, d'où il remonte saturé d'éther, et exécute son départ par l'ouverture pratiquée à la partie médiane du tube.

G, embouchure portant deux soupapes, celle intérieure s'ouvre en aspirant avec la bouche, et permet l'introduction de l'air saturé d'éther, dans les poumons.

Celle extérieure J permet l'expiration; cette dernière soupape doit être placée à la partie supérieure, car du côté opposé elle fonctionne moins bien. La mobilité de cette dernière indique que l'expiration s'effectue.

H, pince pour comprimer les narines; de ce modèle ou de celui qui s'écarte en pressant sur le ressort.

K, assemblage du tuyau élastique avec l'appareil.

N, ouverture pour l'introduction de l'air pur.

A côté de cette ouverture se trouvent poinçonnés les mots AIR PUR, *ainsi qu'une graduation par chiffres.*

Prix des appareils suivants.

1° Appareil à gros canaux représenté fig. 2, avec assemblage K à vis métallique, pour pouvoir séparer facilement le tuyau de l'appareil; tuyau élastique long de 80 centimètres; les soupapes en maillechort et l'embouchure de même ou en étain fin. Le tout selon la description, y compris la pince à pression. . . . . 23 à 25 fr.

Le même appareil argenté. . . . . 32 à 35

Le même doré. . . . . 35 à 38

Le même, robinet en maillechort ou en cuivre et les conduits en étain, par mesure de salubrité. . . . . . 25 à 38

Le même, doré. . . . . 47 à 50

Le même, avec porte-soupapes et embouchures en argent. 62 à 67

Le même, tout en argent. . . . . 120 à 130

Le même, tout en argent et doré. . . . . 132 à 132

Cet appareil est généralement préféré à celui fig. 1, par rapport à la plus grande dimension des canaux; cependant ce dernier est encore demandé. Je le livre aux prix suivants :

2° Appareil, *fig.* 1.—En étain fin. . . . . 20 à 23 fr.

Le même, argenté. . . . . 28 à 30

Le même, doré. . . . . 32 à 33

Le même, avec porte-soupape et embouchure en argent. 52 à 57

Le même, tout en argent. . . . . 80 à 83

Le même, argent doré. . . . . 90 à 100

Boîtes pour contenir ces appareils, de. . . . . 8 à 15

PIÈCES ACCESSOIRES.

(*Ces pièces sont dépendantes ou indépendantes de l'appareil à volonté, comme nous l'avons dit dans la description.*)

J'ai fait établir des réservoirs de cinq grandeurs; l'un de ceux portant le n° 1 ou le n° 2 sera fourni dans les prix indiqués; les n°s 3, 4 et 5 augmenteront de 1 fr. par numéro. Ainsi avec un réservoir n° 3, 1 fr. de plus, avec un n° 4, 2 fr. de plus, avec un n° 5, 3 fr. de plus.

Deux barillets (L et M) en maillechort, contenant les tubes capillaires ou les toiles métalliques, ces dernières dorées. . . . . 18 fr.

Les mêmes, en maillechort doré. 25

Les mêmes, en argent. 25

Les mêmes, en argent doré. 32

Dorure de l'embouchure seule. 2

Dorure de l'embouchure et du porte-soupape. 5

Si l'on supprime le tuyau élastique intermédiaire, cette suppression donnera lieu à une diminution de 3 francs pour ceux de grosse dimension.

On peut faire des appareils à des prix très bas, mais les conditions d'application sont loin d'être aussi satisfaisantes.

Une Notice explicative sera jointe à chaque appareil.

TABLE DES MATIÈRES

CONTENUES DANS UN CATALOGUE EXPLICATIF RENFERMANT DES FIGURES ET NOTICES SUR DIVERS INSTRUMENTS DE CHIRURGIE, ET INDIQUANT LA MANIÈRE DE PRENDRE LES MESURES NÉCESSAIRES POUR L'ÉTABLISSEMENT DE DIVERS APPAREILS ORTHOPÉDIQUES ET MEMBRES ARTIFICIELS (1).

(1) Une figure avec des numéros correspondants à toutes les parties du corps rend facile et régulier le mode à suivre pour prendre et envoyer les mesures.

pes.— Ciseaux pour les crins.— Nouveaux ciseaux à levier.— Articles de bureaux.
Coutellerie de table.— Service de déjeuner.— Tire-bouchons.
Coutellerie de cuisine.
Nécessaires de voyage.

OBJETS DIVERS.

Yeux artificiels.
Lunettes, louchettes, abat-jour, de tous modèles, pour les maladies des yeux.
Perce-oreilles.
Plaques aimantées de tous modèles et de toutes grandeurs.
Cerceaux en fer galvanisé ou verni, servant à protéger une partie du corps du contact des couvertures.
Canules et clous pour fistules lacrymales, en plomb, argent, or, platine.
Cisailles pour couper les appareils amidonnés ou dextrinés.
Marteaux de M. Mayor pour vésicatoires, à trois et cinq têtes.
Compas d'épaisseur.
Plaques à cautère de tous modèles. — Pois à cautère en ivoire flexible.
Compresseurs de tous modèles.
Rigocéphale.
Brosses et gants à friction, de tous modèles.
Coussins élastiques à air, en tissu imperméable.
Appareils respiratoires, de tous modèles.
Appareil incubateur de M. le docteur J. Guyot.
Boîtes de chirurgie pour les bâtiments baleiniers.
Caisses à pansements pour secours publics, chemins de fer, etc. (modèle Charrière), mis en pratique sur diverses lignes de chemin de fer.
Nouvel appareil à injections des vaisseaux lymphatiques sans tubes de verre.
Appareil hydro-anatomique de M. le professeur Lacauchie.
Boîtes et appareils à pansement.
Tables d'opérations pour les hôpitaux.
Camisoles de force.
Appareils à injections, de tous modèles.
Appareils pour recevoir les matières fécales dans les anus contre nature, de tous modèles.
Appareils pour descendre dans les égouts, les fosses d'aisances, etc.
Instruments de minéralogie, de botanique, de microscopie.
Thermomètres.
Sacs d'ambulance pour l'infanterie et la cavalerie (1).
Gibernes-trousses pour MM. les chirurgiens de l'armée.
Id. pour MM. les vétérinaires de l'armée.
Nouvelles boîtes-trousses, de diverses compositions, réduites de plus de moitié de volume et renfermant un grand nombre d'instruments (modèle Charrière).—Ce nouveau système, appliqué aux boîtes d'autopsie, les rend beaucoup plus portatives et offre aux praticiens un très-grand avantage.
Porte-malades.
Appareils à douches de vapeur, de toutes grandeurs.
Pompes à douches liquides, de toutes grandeurs.

---

(1) J'ai été chargé par M. le ministre de la guerre de fournir ces sacs et sacoches à toute l'armée.

J'ai également été chargé, depuis 1830, par MM. les ministres de la guerre, de la marine et de l'intérieur, d'établir les modèles de toutes les espèces de caisses et d'instruments de tous les genres.

APPAREILS DIVERS DE LA MAISON CHARRIÈRE.

CORSET ORTHOPÉDIQUE du docteur Alenson ABBÉ, de Boston, fabriqué exclusivement en France par Charrière. — Ce corset est destiné, dans les déviations de la colonne vertébrale, à soutenir le poids du corps; en prenant le point d'appui sur le bassin il a l'avantage de permettre les mouvements latéraux, et au moyen de ressorts élastiques, de rappeler sans cesse le tronc à la position verticale.

ATELIER SPÉCIAL pour la fabrication des bandages herniaires, appareils orthopédiques, ceintures hypogastriques, etc., etc.

APPAREILS à prothèse, bras et jambes artificiels.—M. CHARRIÈRE *est fournisseur de ces appareils pour les hôpitaux civils et militaires.*

NEZ OBTURATEUR ARTIFICIEL.

BÉQUILLES nouveau modèle.—Gouttières en fil de fer étamé de M. le docteur MAYOR, de Lausanne, adoptées pour les ambulances militaires. — Gouttières en carton et en cuir, rembourrées à l'intérieur et recouvertes en castor, en peau d'agneau ou en soie, disposées pour recevoir des courroies de suspension pour maintenir les membres supérieurs au degré d'élévation et de flexion indiqué.

FAUTEUIL LOCOMOTIF du major SCARLÉ, des États-Unis, exécuté par Charrière.— Avec ce fauteuil, une personne paralysée des membres inférieurs peut, à l'aide d'un simple mouvement des mains, se transporter d'un lieu à un autre; un dossier mobile peut le transformer instantanément en un lit de repos; enfin il peut être très-facilement transporté, comme on ferait d'une chaise à porteurs, par le moyen de quatre anneaux pratiqués dans sa partie inférieure.

BIBERONS ET BOUTS DE SEIN EN IVOIRE FLEXIBLE, de Charrière. — Ces appareils peuvent être parfaitement nettoyés sans les démonter.

POMPES SIMPLES, à courant régulier sans réservoir d'air. — Seringues de tous modèles, avec piston à double parachute, modèle Charrière; ce piston peut s'ajuster à tous modèles de pompes et seringues, même anciennes: il fait un vide parfait. — Seringues *méplates* très-portatives.— Pompes-ventouses avec le même piston.

NOUVEL APPAREIL du docteur JARVIS pour la réduction des luxations, l'ajustement des fractures et leur maintien. — M. Jarvis a donné exclusivement à M. Charrière le droit de fabrication et de vente de son appareil en France.

Paris. — Imprimé par E. THUNOT et Cᵉ, rue Racine, 28, près de l'Odéon.

www.ingramcontent.com/pod-product-compliance
Ingram Content Group UK Ltd.
Pitfield, Milton Keynes, MK11 3LW, UK
UKHW021034200726
13857UKWH00004B/1720

9 782012 868618